少年读中国科技

创造奇迹的中国工程

中国力量编辑部◎编

北京科学技术出版社
100层童书馆

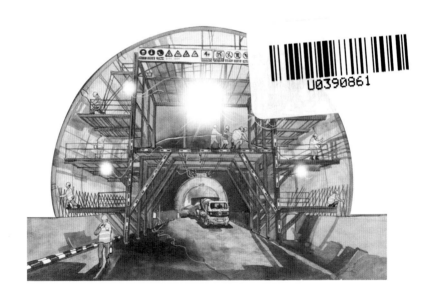

开学第一天，三年二班迎来新学期的第一次班会。班主任静静老师亲切地问大家：“同学们，暑假过得怎么样？有没有出去旅行呀？还记得我们布置的社会实践作业吗？用日记、照片、视频等任何形式，记录你在假期中的旅行见闻！”

静静老师的提问一下就打开了大家的话匣子，有同学说自己坐高铁去了上海，有同学说自己去参观了中国第一高楼，还有同学说自己通过港珠澳大桥从珠海去了香港……大家的旅行经历着实丰富！每个人都有好多难忘的旅行见闻，同学们都叽叽喳喳说个不停。

“谁愿意第一个和大家分享呢？”静静老师话音刚落，小饭团就率先举手。这次社会实践作业，他剪辑了一个精美的旅行视频，迫不及待地想向大家展示。

1 高铁出发了

这个暑假，我和爸爸妈妈去了上海。出发当天一大早，我就和爸爸妈妈来到北京南站，乘坐我国自主研发的**复兴号**列车。你们知道吗？未来，复兴号动车组将会逐渐替代现在常见的和谐号动车组，成为我国高铁的主力车型呢！

复兴号行驶起来比风还要快，最高运行速度可

以达到每小时 350 千米。从北京出发到上海，距离有 1 000 多千米，但是坐高铁只要 5 个小时左右就能到！

与“老前辈”和谐号动车组相比，复兴号不仅跑得快，车厢内也更安静，而且还更节能了！

列车平稳地向前飞驰着，我在座位上四处打量，发现高铁上有很多“**小机关**”。

原来，行李不仅可以放在头顶的行李架上，还能放到车厢连接处的大件行李存放区。如果觉得口渴，随时都可以在电茶炉接热水。要是手机没电了，可以使用座位下面的充电插座给手机充电。

听爸爸介绍，高铁的马桶下面藏着一个真空集便器。它会把乘客的便便都收集起来，统一处理，根本不会污染轨道。

你们看，窗边还有一把安全锤！别看它小小的，并不起眼，关键时刻能发挥大作用。假如列车发生火灾或出现其他紧急情况，我们可以用它打碎玻璃，快速逃生。

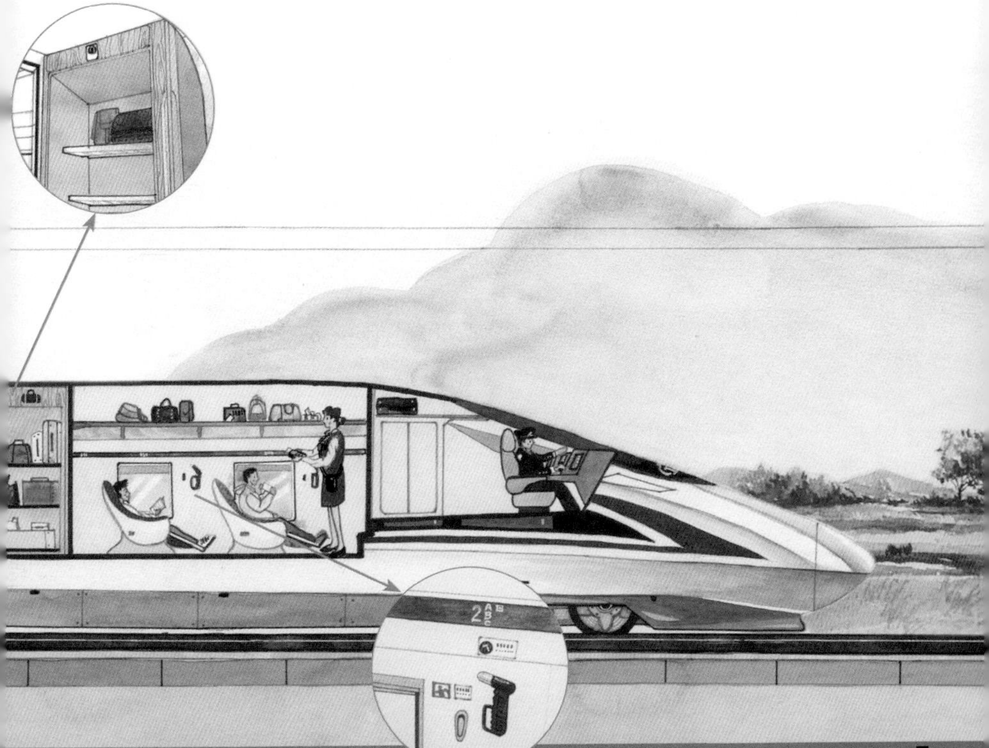

十二点多的时候，列车快要行驶到南京南站了。看到别的乘客拿出面包、水果等自带的午餐，我的肚子也开始咕咕叫了。

这时，乘务员姐姐推着小推车来到了车厢，小推车上码放着热乎乎的盒饭。我本来想买一份，可妈妈说不用，因为她刚才通过中国铁路 12306 手机软件预

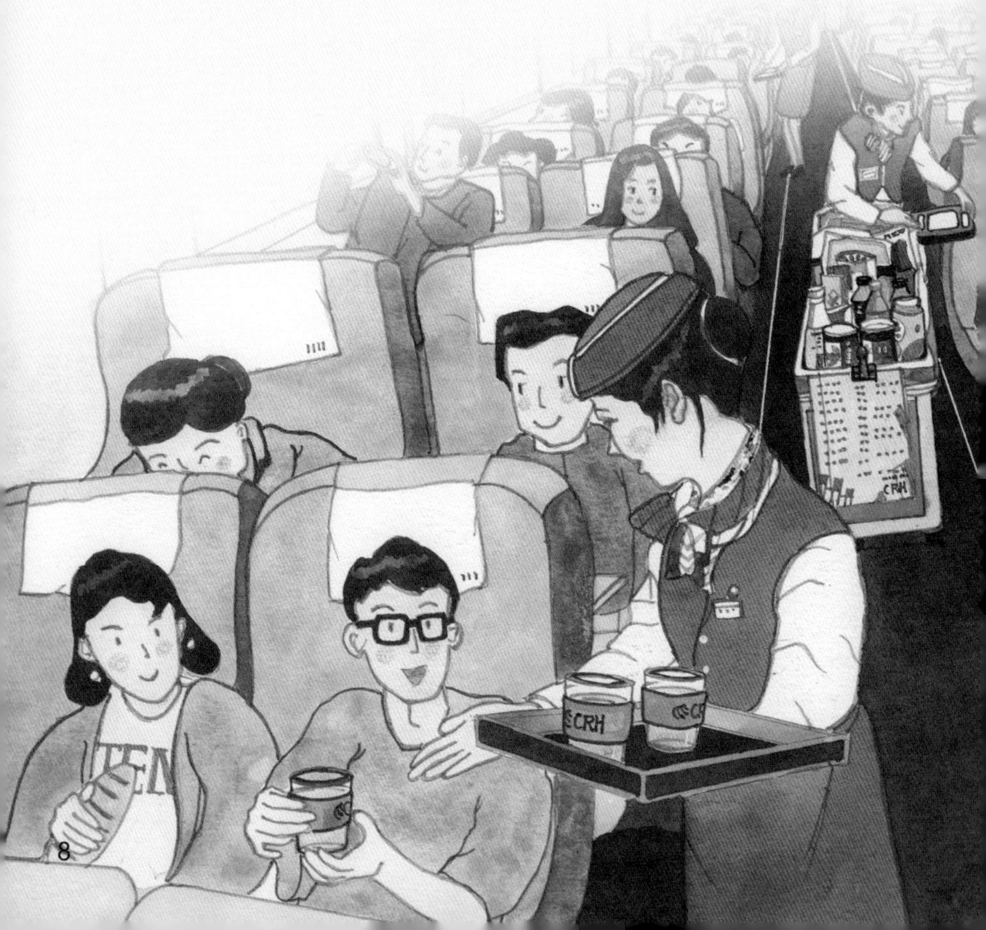

订了我最喜欢的套餐。商家已经接单，之后会把新鲜制作的快餐打包好装进专用的中转箱，送到车站的配送中心。再过五分钟，到了南京南站，就会有乘务员把快餐送到我们的座位上。

以前，我只知道高铁上有餐吧，可以买到零食、饮料和盒饭，没想到现在高铁上都可以点外卖了，真的好方便啊！

在高铁上，我还遇到一位正在休假的列车长叔叔，他也要去上海旅行。他告诉我一件意想不到的事：**复兴号**这么长的动车组，其实只有一名司机！不过为了避免疲劳驾驶，列车每隔四小时就会更换司机，一条长线路并不是由同一位司机从头开到尾的。

在执行驾驶任务的过程中，列车司机非常忙碌，要一边关注前方的路面情况，一边注意车载显示屏上的信息，还要根据指示进行驾驶操作。

每执行一个操作，司机都要复述一遍，并做出相应的手势。驾驶室里的摄像头和录音笔会把这些图像和声音资料记录下来。

为了防止犯困，司机每隔 30 秒就要踩一下驾驶座下方的踏板，否则装置就会“嘀嘀嘀”地报警。要是超过 40 秒还没踩，列车就会自动刹车。

更麻烦的是上厕所！通常情况下，司机是不能去上厕所的。如果一定要去，司机得先向调度员申请，还要请随车机械师看护司机室，并让列车长预留距离驾驶室最近的卫生间，然后才可以去。

对了，你们有没有想过，高铁为什么能开得这么快？首先，这是因为高铁列车有着流线型的车头和平滑的车体——就和科学课上老师给我们展示过的模型一样！这样的设计可以让列车在运行时有效减少空气阻力，提高行驶速度。

不过，列车长叔叔说，除了外观的巧妙设计，**更多的秘密其实藏在高铁运行的轨道中。**

普通铁路大部分都是有砟 (zhǎ) 轨道，而高速铁路大多采用无砟轨道。这种轨道非常平滑，道床由混凝土轨道板、沥青混合物修建而成，不仅看起来干净整洁，还有自重轻、耐久性好等特点，道床上的钢轨更是做到几乎无缝衔接，可以减少列车颠簸，支持更高的行驶速度。

有砟轨道

无砟轨道

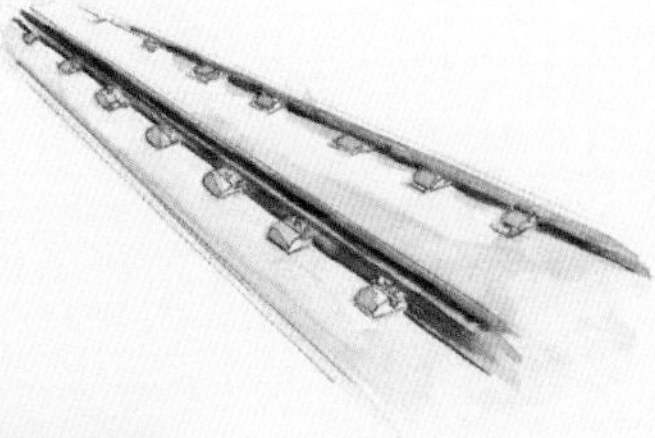

知识锦囊

砟是什么？

砟是小碎石的意思。在建设有砟轨道时，工人们会在轨道下铺设很多小碎石来分散受力，减少噪声和震动。有砟轨道的施工相对简单，但承载能力较低、抗震能力较弱，不太适用于高速铁路。

在上海旅游的途中，正巧碰上宝山区正在修建一座新的大型高铁站。爸爸说，这座高铁站建成后，会联通许多高铁线路。爸爸还在网上找到了高铁轨道修建的纪录片，我才知道，**原来建高铁这么复杂**！

首先，工程师和工人们要进行勘察设计，完成施工图。如果这段铁路要在平地上修建，接下来就要清理地面，进行地基施工。

地基施工时，先用长螺旋钻机在地上钻出一个个10米深的桩孔，再用混凝土泵车向里面灌注混凝土。等混凝土凝固后，就会形成坚固的混凝土桩。

这些混凝土桩呈梅花状分布，就可以使地面受力均匀，提高地基的稳定性。修桥梁、建大厦时，也常用这种方式稳固地基呢！

因为修建高铁需要用到大量混凝土，所以很多高铁施工现场都会在附近直接建一座混凝土搅拌站！

打好地基，才算完成了第一步，接下来还要修建路基。

首先，大卡车将填料土倒在地基上。其次，摊铺机和推土机就像摊煎饼一样把填料土推开，摊成薄薄的一层。最后，压路机来来回回地碾轧，将松软的土层压得结结实实。

松软的土地在受到外力碾轧的时候很容易变形。为了保证路基的压实度，每次摊铺的土层都不能太厚。在压实填料土之前，还要在路堤两旁砌好挡土墙。否则，一旦填料土乱跑，那就麻烦了！

这样的工序重复十几次，才能修建出大约4米高的路基。

路基之上，还要用混凝土浇筑底座板。底座板和我们的皮肤一样需要养护，等混凝土初步凝固，再进行浇水、覆盖土工布等保湿处理，有时也会像贴面膜那样在表面直接贴一层养护膜。养护好的底座板上，还要再放置一层特殊的钢筋网，才可以接着铺轨道板。轨道板铺好后，还要进行精调，保证平平整整。

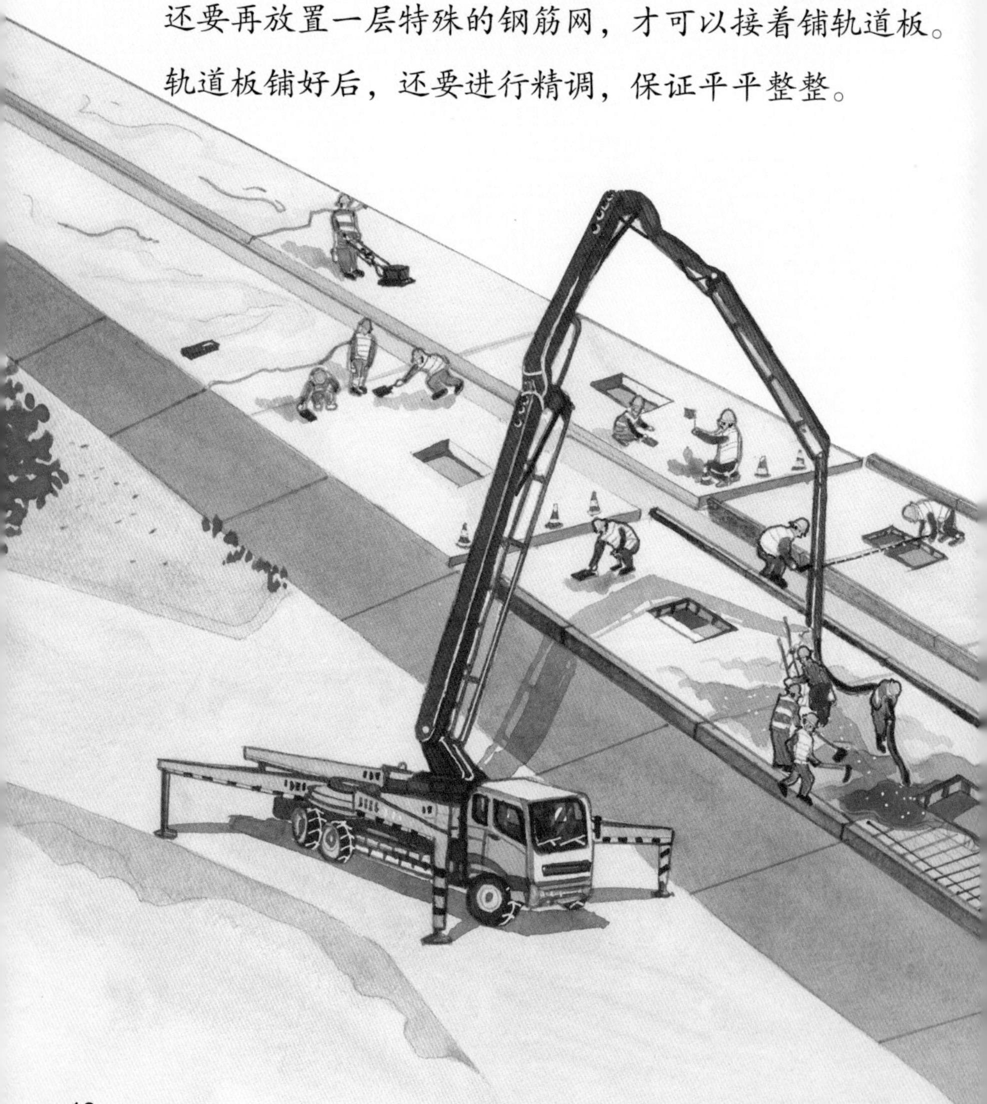

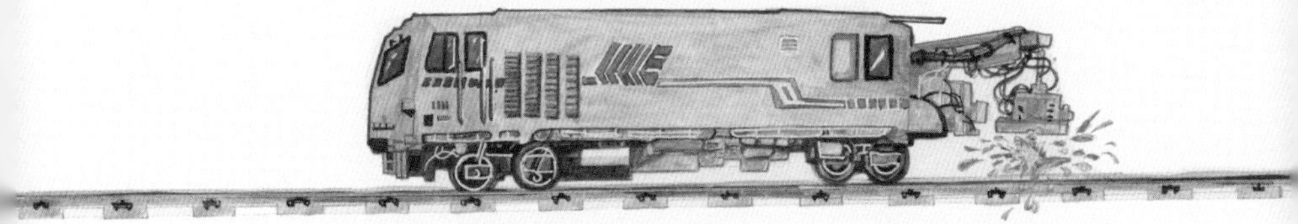

现在终于可以铺钢轨了。钢轨“无缝衔接”，列车才能跑得又快又稳。为了减少焊接，这些钢轨出厂时就有 100 米长！它们在焊接基地被精密地焊接到 500 米长，但接口处的误差还不到 1 毫米的十分之一！长长的钢轨到达现场后，铺轨车把钢轨稳稳地放在轨道板上，跟在后面的工人叔叔用撬棍将钢轨精准地放到承轨槽里，像火箭一样“尾巴会喷火”的焊轨车会把钢轨连接处焊接起来，再由工人叔叔用螺栓把钢轨和轨道板牢牢固定在一起。经过一系列的工序，这一段轨道才算真正铺好！

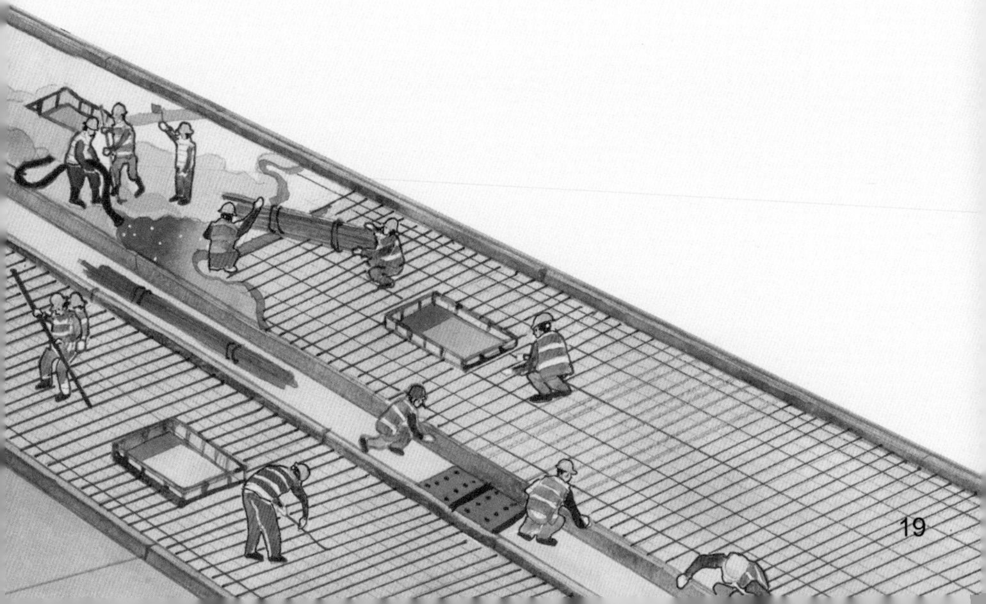

高速铁路可不总是建在平地上。我们乘坐高铁也常要经过大山河流。当工人叔叔们要在山中修建高铁隧道时，就会用到“**钻爆法**”，先用机械在坚硬的岩石上钻孔，再在孔内填上炸药，随后引爆。

为了跨过河流，有很多高速铁路是在高架桥上修建的，还有比如青藏铁路，为了减少对生态环境的破

坏，部分路段也建在高架桥上。根据不同的地形、环境和工程需求，工程师们会为高铁架设不同类型的桥梁，比如连续梁桥、悬索桥、斜拉桥、拱桥……

据说，宝山站建成后，会引入连接上海、苏州和南通的沪苏通高铁线——这条高铁线就会经过很多隧道和桥梁！

除了修建轨道的工作人员，还有许多人在为高铁的顺利建设而努力。

他们有的忙着架设为列车供电的接触网，有的在安装吸收噪声的声屏障和感应传输列车运行位置的应答器，还有的在搭建列车运行时通信所需的信号基站。

等这些工程全都完工，还得请出“黄医生”，为这条新的高铁线路进行“**综合体检**”。

知识锦囊

“黄医生”学名是“高速综合检测列车”。它具有时空定位同步、大容量数据交换、实时图像识别等强大本领，可以对轨道、接触网、通信信号等设施进行同步检测和分析，是高铁线路的“健康守护者”。每条新线路投入运营前都必须请“黄医生”参与全线的调试工作哟！

目前宝山站还只是一片未完成的工地。建成后，宝山站将会成为继北京丰台站后中国第二座双层车站。沪渝蓉铁路、沪通铁路和轨道交通 19 号线等都将在此处汇集。相信在不久的未来，宝山站会成为上海北部的铁路枢纽。

我跟爸爸说好了，等到宝山站建成通车时，一定要再去看看！

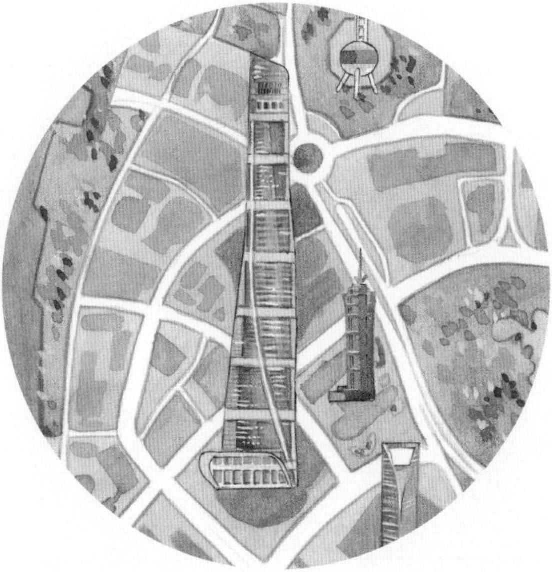

“老师，我也去了上海！”小饭团话音刚落，小六一就忍不住站了起来，恨不得立刻冲上讲台。

“好啦，别急别急，下面我们有请小六一同学来讲一讲。听说他参观了上海中心大厦，还参加了一场别开生面的**垂直马拉松**！”静静老师微笑着示意小六一来到讲台上。

一座大楼有什么好参观的？为什么要去那里？垂直马拉松是什么？同学们个个一头雾水，疑惑地看着小六一，等着他来揭晓答案。

2 探访中国最高楼

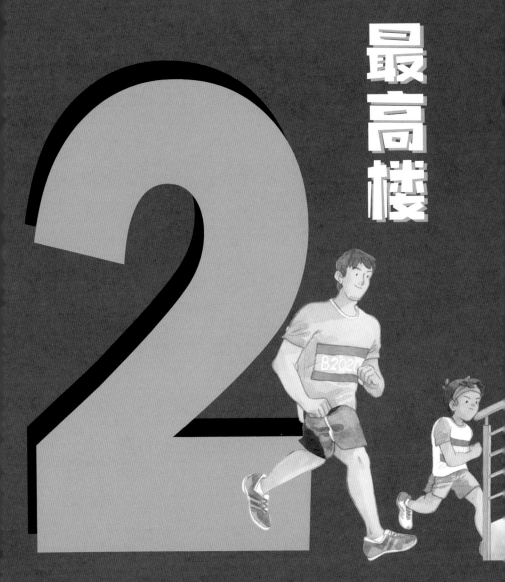

同学们，你们知道中国第一高楼是哪栋吗？

哈哈，既不是“中国尊”，也不是“小蛮腰”，而是**上海中心大厦**。上海中心大厦高 632 米，共有 127 层。它不仅是一个可供参观的地标景点，也是一栋综合型办公写字楼。

我来到这里，是为了参加“垂直马拉松”比赛，正如它的名字，这是一场垂直方向的爬楼梯比赛，曾有冠军仅用 18 分钟就爬完了全程 3398 个台阶！我觉得非常新奇，就报名参加了儿童赛。没想到才爬到第 8 层，就已经累得气喘吁吁了。当时，我望着头顶无穷无尽的螺旋状楼梯，绝望极了，实在不明白为什么要盖这么高的楼。

有个高个子的大哥哥是比赛主办方的工作人员，他陪着我继续前进，还给我介绍这座大楼的独特之处。

这位大哥哥是一名建筑设计师。他说，在设计师眼中，上海中心大厦把商场、医院、办公楼、博物馆等不同功能区融合到了一座高耸入云的摩天大楼里，是很了不起的建筑设计，很符合未来大城市的“垂直都市”理念！

知识锦囊

“**垂直都市**”是一种面向未来的设计构想。它的目标是让城市“立”起来：把一座城市的不同功能区融合到一座大楼中，让不同街区位于大楼的不同高度，彼此垂直，上下相连。这样的大楼一般拥有庞大的体量、超高的容积率、惊人的高度、较少的占地面积等特征。

正说着，大哥哥“哎哟”一声就摔倒了，大家纷纷围了过来。大哥哥自嘲道，个子越高，重心越高，容易不稳。

我立刻展开了联想，追问他，那这么说的话，高个子的人容易摔倒，“高个子”的大楼会不会也更容易“摔倒”？

答案是肯定的！大哥哥回答道，为了能让高楼稳稳立住，他们通常会把高楼设计成长方体、圆柱、圆锥、棱柱、棱锥等比较稳定的形状。比如上海中心大厦，外形就近似于一个三角锥。此外，这个三角锥还巧妙地进行了扭转，自下而上旋转了 120° ，呈现出一种螺旋式上升的形态，既漂亮又稳固。

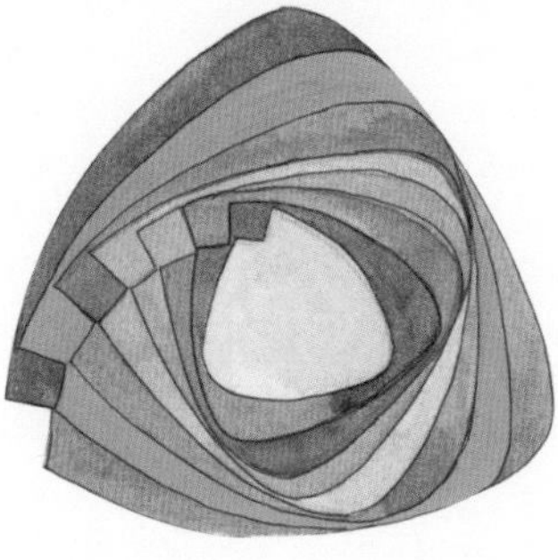

高层建筑要想稳稳立住，还面临一个巨大的挑战——风。越到高空，风越大。大风会“吹动”建筑，让建筑摇晃甚至倒塌！

上海中心大厦螺旋式上升的外形能够削弱大风对建筑表面的挤压作用，把风力分散到不同的方向。大厦表面的V形凹槽也使空气难以形成涡流。

仅仅在外形上下功夫还不够。为了让上海中心大厦更稳定，大楼里还专门设置了一个“**镇楼神器**”——重达 1000 吨的阻尼器。

阻尼器就像一个巨大的钟摆。当大风来袭时，它会向风的反方向摆动，产生一个“拉”住大厦的力，从而稳住大厦的身体。在它的守护下，即便遇到狂风暴雨，上海中心大厦也能稳如泰山！

阻尼器上的雕塑“上海慧眼”

爬到第 13 层，我实在太累了，决定扶着墙休息一会儿。趁着休息时间，我翻看了导览手册，搞清楚了上海中心大厦的整个构造！

高度 300 米以上的建筑往往会采用混合结构来支撑楼梯，上海中心大厦也不例外。大厦的最内层是由钢筋混凝土浇筑而成的核心筒，电梯间、楼梯和各种设备用房都在这里；核心筒外面是圆形的钢结构，它不仅像骨骼一样支撑着整座大厦，还搭建出了各个主要功能区的所需空间，比如办公区、书店和空中博物馆所在的地方；到了最外层，就是我们肉眼看到的玻璃幕墙啦！

唉，要是有一双“**透视眼**”就好了！那样的话，就能透过墙壁看清楚大厦从内到外每一层的样子了！

因为年龄小，我不用像别的叔叔阿姨那样一口气爬到 116 层，而是可以从 22 层开始，乘坐电梯直达第 118 层的上海之巅观光厅。

你们猜，这座大楼里有多少部电梯？——足足有 154 **部**！

上海中心大厦从上到下共有 9 个分区，每个分区有 12 ~ 15 层。在这么高的大楼里工作、生活，如果天天爬楼梯，可就太让人头疼了！幸好大楼里安装了各种各样的电梯。

这些电梯就像“垂直都市”里的轨道，通往大楼里的各个区域。我们可以乘坐不同的电梯抵达不同的分区，再“换乘”该分区的电梯，前往自己想去的楼层，就像在地铁里换乘一样！

我那天急着上楼看风景，没有选择换乘路线，而是选择了一条笔直的快速通道——直达观光大厅的电梯。这样的电梯，大楼里一共有三部呢！

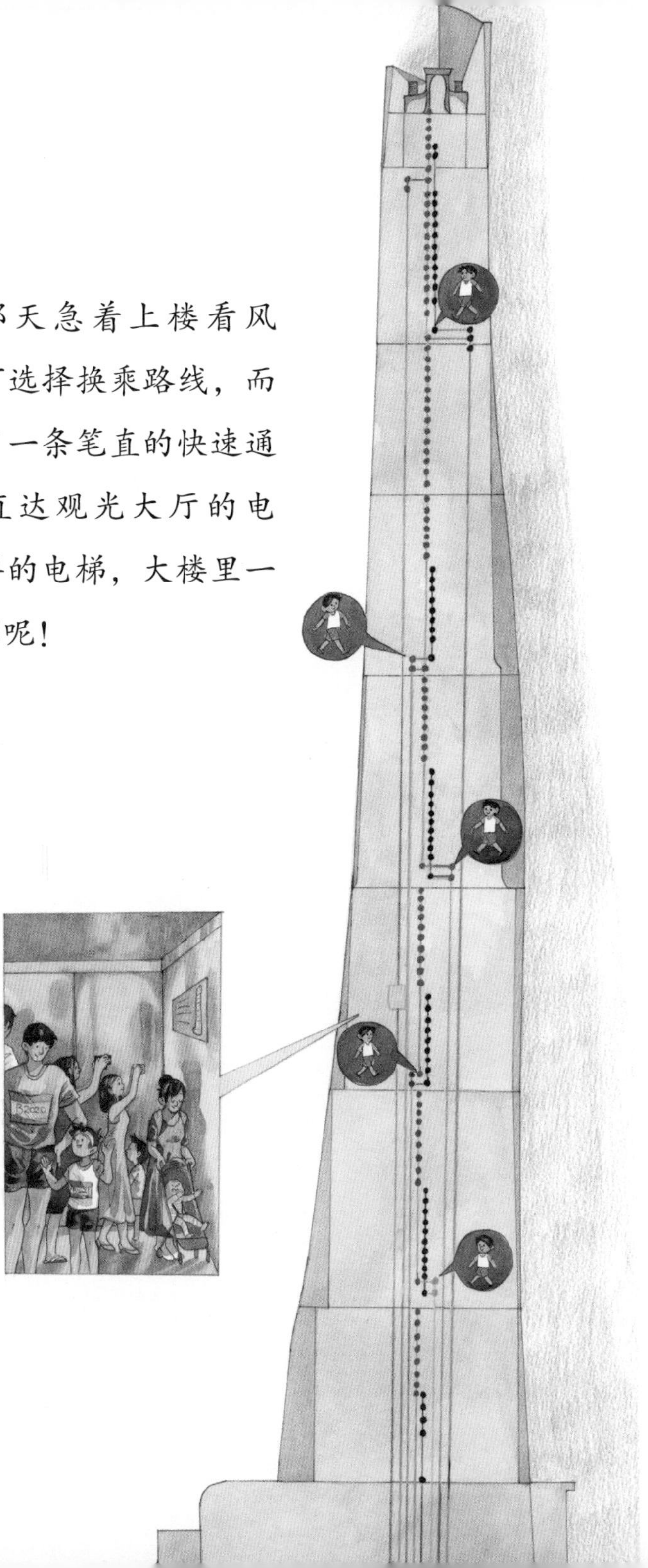

在电梯里，我突然想到一个问题：既然人可以坐电梯上楼，那建大楼时，混凝土、钢筋之类的建筑材料是不是也是“乘坐”电梯上来的？

哈哈，当然不行啦！大哥哥笑着告诉我，电梯的空间和承重能力有限，承担不了大型的材料运输工作。实际上，上海中心大厦的建筑材料都是通过塔吊运送上去的。

塔吊也叫塔式起重机。它的力气很大，手臂很长，个子很高，可以吊起各种各样的建筑材料，将材料运送到指定的位置。上海中心大厦采用的是内爬式塔吊。随着大楼越建越高，它会用横梁支撑着自己，一层一层地往上“爬”。

等运送材料的工作完成后，工程师先用大塔吊将一个中塔吊运上去，再用中塔吊拆掉大塔吊，把大塔吊的各个零部件运下来。接着用中塔吊“请”来小塔吊，再用小塔吊“请”来更小的塔吊，不断重复这个过程，直到最小的塔吊被拆除，只有这个最小的塔吊才能“乘坐”电梯下来。

直达观光厅的电梯是目前世界上速度最快的电梯，速度可以达到每秒 20.5 米。我面前的楼层数字快速变换着，一眨眼的工夫就到了 118 层。

叮咚——电梯门打开了，这里就是被称为“**上海之巅**”的巨型观光厅啦！

上海之巅观光厅距离地面的垂直高度有546米，呈三角环形布局，被巨大的透明玻璃幕墙包裹着，可以360° 饱览上海的城市美景。东方明珠、金茂大厦、世博园区、八万人体育馆，还有奔腾的黄浦江……上海的美景都能尽收眼底！

我的垂直马拉松之旅在俯瞰的美景中结束了，但它不仅让我收获了美妙的运动体验，还有丰富的知识！

“还有同学想要上台分享吗？”两个积极分子发言完毕，剩下的同学们似乎都有些害羞。正在这时，小面包站了起来。身为班长的他感觉必须响应一下老师。在静静老师点头示意后，小面包来到讲台上，开始和大家分享他的暑假之旅。

穿越港珠澳大桥

3

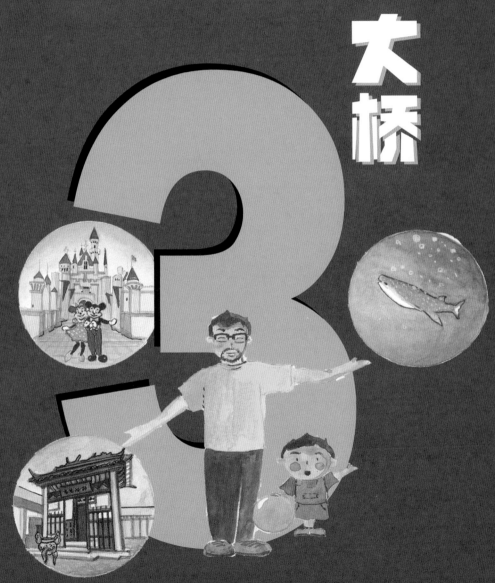

假期，我和爸爸妈妈一起去了香港。这不是我第一次去香港玩，但这次的经历和以前都不同，因为我们没有坐飞机，也没有坐船，而是通过港珠澳大桥从珠海开车过去的！

以前，从珠海到香港的路程，开车需要4个小时。但现在有了这座超级大桥，只要不到1小时就能到！不过，别看路程短，这一路上的体验却很精彩，说是“**上天入海**”也不为过！

港珠澳大桥建在伶仃洋上——珠海、香港和澳门就在这片海域隔海相望。

知识锦囊

航道是指海洋、河流等水域内供船舶安全航行的通道。
航线一般包括空中航线和海运航线。在这里，我们说的是表示飞机飞行路线的空中航线。

在这里建大桥很不容易！伶仃洋航道上每天有4000多艘船经过，要想不影响船只通行，桥塔的高度需要在200米以上。可麻烦的是，港珠澳大桥正处在前往香港国际机场的航线上，要保证飞机的起降安全，飞机航线上不能有200米高的桥塔。

幸好设计师们想到一个天才方案：使用桥梁、人工岛和海底隧道相组合的形式，将影响船只和飞机通行的桥梁部分埋入海底，变成海底隧道。这样一来，人们穿过大桥时就会有“上天入海”的神奇体验啦！

一路上，在经过大桥的不同部分时，爸爸妈妈还给我讲述了它们是如何一步步被建造出来的。

靠近珠海和澳门的区域建造的是桥梁。

伶仃洋里居住着一群可爱的小精灵——中华白海豚。修建桥梁时，这些国家一级保护动物也会受到影响。工程师们为了缩短施工时间，减少对它们生活的打扰，决定用“**搭积木**”的方式来建桥梁。

建造大桥需要的桥墩、钢箱梁等部件都是在其他地方提前做好的，由运输船把它们运送到施工现场。

等到伶仃洋风平浪静的时候，“海上大力士”起重船先把桥墩吊装到位，再将钢箱梁放到一座座桥墩之间，组装成桥面，桥梁的部分就建好了。

你们说，这是不是很像在海上拼乐高？

"海豚"桥塔

桥塔的安装就没这么容易了！港珠澳大桥三座航道桥的桥塔样子不同，在安装过程中也各有困难，工程师们还为此发明了三种不同的安装方法。

"海豚"桥塔仿佛一只跃出海面的海豚。安装时，桥塔以"躺"着的姿势被运到海上，由两艘起重船分别抓住"头"和"脚"，一点点拉起来。当桥塔与海平面垂直时，起重船便将桥塔竖直放入海底。

“中国结”桥塔

“风帆”桥塔

漂亮的“中国结”桥塔有200头大象那么重！为了把它安装到足有50层楼高的塔柱上，工程师们只好把它分解成5段，一段一段地安装。

还有离澳门机场最近的“风帆”桥塔，它是被分成两段建造的。要先在海上把桥塔下半段浇筑好，再把工厂里制作完成的上半段运过来，和下半段对接在一起。

知识锦囊

航道桥，就是建在航道之上、能够让船只从桥下顺利通行的大桥，通常具有桥面足够高、桥墩之间足够宽的特点。

到了靠近香港的地方，大桥就变成海底隧道啦！不过，在修建海底隧道前，要先建好隧道的出入口，也就是两座人工岛。

建造人工岛要用到钢圆筒。它们体积庞大，每个都有 14 层楼那么高，根本没有模具可以用。不过工程师们想到了一个好办法，那就是——**拼接**。

先生产 72 块小钢板，然后把它们焊接成若干块大钢板，最后把大钢板放在特制的内胆上拼接成钢圆筒。有了内胆的保护，拼接而成的钢圆筒也不会出现漏水、漏沙的问题。

这些钢圆筒在工厂里制作完成后，就会被远洋船“接”走。要在海上航行整整7天，这些钢圆筒才能抵达它们要扎根的伶仃洋呢！

拼接好的钢圆筒

钢圆筒就位，**人工岛就可以开工了**！起重船将钢圆筒从远洋船上吊起来，根据卫星导航系统提供的数据，把钢圆筒稳稳地插入海底指定位置——这个过程叫作“**振沉**”，是建造人工岛的第一步。

在钢圆筒依次完成振沉后，吹沙船会把沙填进钢圆筒里，之后由水泵把钢圆筒里的海水抽掉，人工岛的“**围栏**”就完成了。钢圆筒要插入海床30米，才能在波涛汹涌的海上屹立不倒！

远远看过去，120个钢圆筒已经在海上围成了两个椭圆形。接下来，只要用吹沙船和挖泥船把这两个椭圆形区域用泥沙**填充**起来，两座人工岛就建好啦！

在两座人工岛之间，挖泥船也在辛勤地工作。它要在海底挖出一条深沟，作为海底隧道的基槽。

海床的泥土像嫩豆腐一样软，非常容易发生塌陷，所以基槽挖好之后，还要进行加工。挖泥船的“好朋友”——挤密式砂桩船、清淤船、抛石船、整平船等齐心协力，才能把基槽打造得平整又坚固！

不过，大型机械船也不是万能的。当整平作业推进到人工岛附近时，由于空间有限，整平船施展不开，就需要英勇的潜水员大显身手了！

他们背着50多公斤的铅块潜入海底，把作业船送下来的碎石倒在基槽上，然后，他们沿着导轨推动刮刀，将碎石铺平。

在基槽的加工过程中，机械船和潜水员互相配合、缺一不可！

基槽平整完，就可以建隧道了。建造海底隧道要用一种特制的沉管，这种沉管又大又沉，每截的重量都相当于一艘航空母舰！

沉管在工厂里生产出来，然后被运到海上，从两座人工岛出发，一节一节地完成“水下接龙”。完成这项工作之后，这条目前世界上最长的海底沉管隧道就完工了，**连接香港、珠海和澳门的超级大桥也就全线贯通啦！**

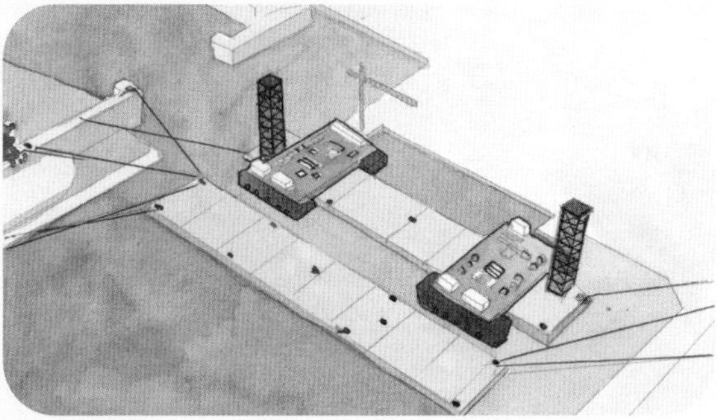

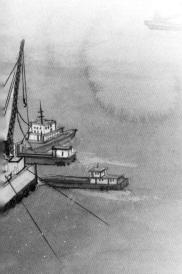

爸爸说，下个假期还要带我通过这座大桥去澳门吃蛋挞、看大三巴牌坊和妈阁庙呢！

静静老师回到讲台，笑着说道：“下次记得和大家继续分享你的澳门之旅哟。大家发现了吗？不管是高铁、上海中心大厦，还是跨越伶仃洋的港珠澳大桥，它们都有一个共同的名字，那就是——**中国工程**！这些工程可能是一座城市的标志性景点，也可能是带我们走向远方的基础设施。在这次的暑假作业中，我发现很多同学都去了各个城市的地标打卡，它们往往代表了这个城市最知名的基建工程。大家还想了解更多这样的工程吗？”

在同学们期待而又好奇的目光中，静静老师拿出了一沓“中国工程小档案”卡片。

中国工程小档案

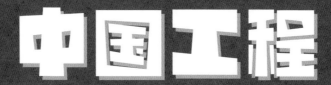

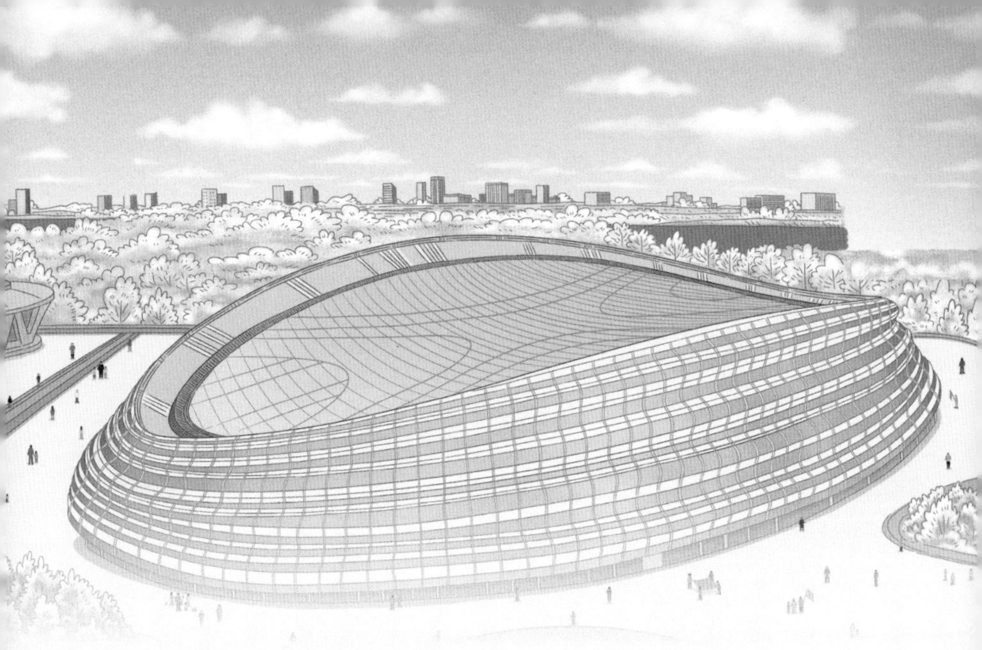

冰丝带是 2022 年冬奥会北京赛区唯一新建的冰上竞赛场馆。北京冬奥会期间，它作为速度滑冰项目的比赛场地，**见证了 14 枚金牌的诞生**！

整个场馆是一个光滑的椭圆形，看起来简单，造起来却很复杂——需要先用混凝土浇筑出主体结构，然后把钢材制造的支撑架安装到混凝土结构之上，接着装上索网屋面，再套上由 3360 块透明玻璃打造的外幕墙，最后把 22 条由圆管玻璃和金属组合而成的“丝带”固定在玻璃幕墙上，才算大功告成！

中国工程小档案

“冰丝带”

身份：国家速滑馆

主场馆面积：约 80 000 平方米

赛道周长：400 米

竣工时间：2021 年 6 月 29 日

建筑寿命：25 年以上

工程特色：采用目前最先进、最环保的二氧化碳跨临界制冷系统

荣誉徽章：亚洲最大冰面（12 000 平方米）

中国工程小档案

“水立方”和“冰立方”

身份：国家游泳中心

建筑面积：约 80 000 平方米

竣工时间：2008 年 1 月 28 日“水立方”竣工

2021 年 11 月 13 日“冰立方”完成变身

工程特色：能够实现“水冰转换”

荣誉徽章：2008 年北京奥运会水上项目比赛场馆、2022 年北京冬奥会冰壶比赛场馆

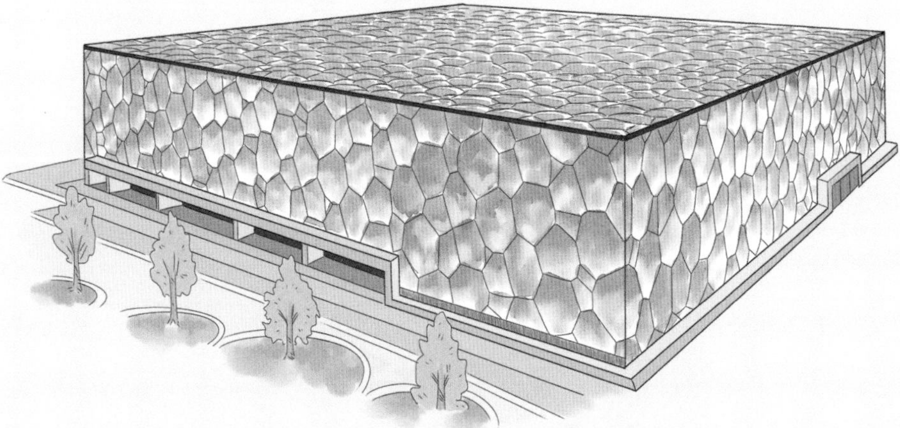

作为北京冬奥会冰壶项目的比赛场馆，“冰立方”其实就是由我们熟悉的“水立方”改造而成的：**夏天，这里是可以游泳的“水立方”；冬天，这里是可以进行冰壶比赛的“冰立方”**。

“水冰转换”的设想很美妙，要实现可没那么容易。如果直接把泳池中的水冻成冰，不仅会把泳池冻坏，冰面也不够平整；如果往泳池内浇筑混凝土，把泳池变成平地后再在上面制冰，水立方的泳池就再也回不来了……

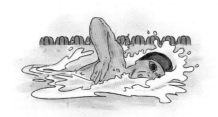

聪明的建筑师和工程师们研究出一个好办法，那就是将浇筑混凝土改为铺设混凝土板，再在上面制冰。这样做既能满足冰壶比赛的场馆需求，又可以随时拆卸混凝土板，恢复“水立方”原本的大泳池，实现场馆随时“变身”的愿望！

中国工程小档案

北京大兴国际机场

航站楼综合体总建筑面积：约 143 万平方米

航站楼外形：五指廊放射状设计

竣工时间：2019 年 6 月 30 日

主要功能：大型国际航空枢纽

工程特色：建有太阳能发电、雨水回收利用等环保设施

荣誉徽章：大兴国际机场航站楼是目前世界上最大的单体航空客运建筑

大兴国际机场处于北京中轴线向南的延长线上，距离天安门的直线距离有 46 千米！

规模这么大的机场，设计起来可不容易。来自全球各地的设计师为它贡献了各种各样的航站楼设计方案，比如“经典二分”“闪亮红星”“多边雪花”“扭动蛇形”……

这些设计方案各有特色，但也都有不足之处。经过反复地讨论和修改，设计师们将“多边雪花”和“扭动蛇形”两种设计方案的优点集于一身，最终确定了“**五指廊放射状**”方案。

如果你走进航站楼的中心区域——值机大厅，就会发现这里没有大型建筑中常见的那种笔直的大柱子，取而代之的是 8 朵“大蘑菇”。这些“大蘑菇”的纵截面很像英文字母 C，所以它们的名字就叫作“C 形柱”。

设计师和工程师们运用“三角形具有稳定性”这一几何原理，把航站楼的穹顶分成了 6 部分，其中 4 部分各由 1 根巨大的 C 形柱和 2 根辅助支撑柱组成的三角形结构支撑。另外 2 部分则各由两根 C 形柱支撑。

只用几根柱子，就稳稳撑起足有整个水立方那么大的航站楼中心区空间。这样的设计，依靠的不是柱子的蛮力，而是**知识和智慧的“巧力”**！

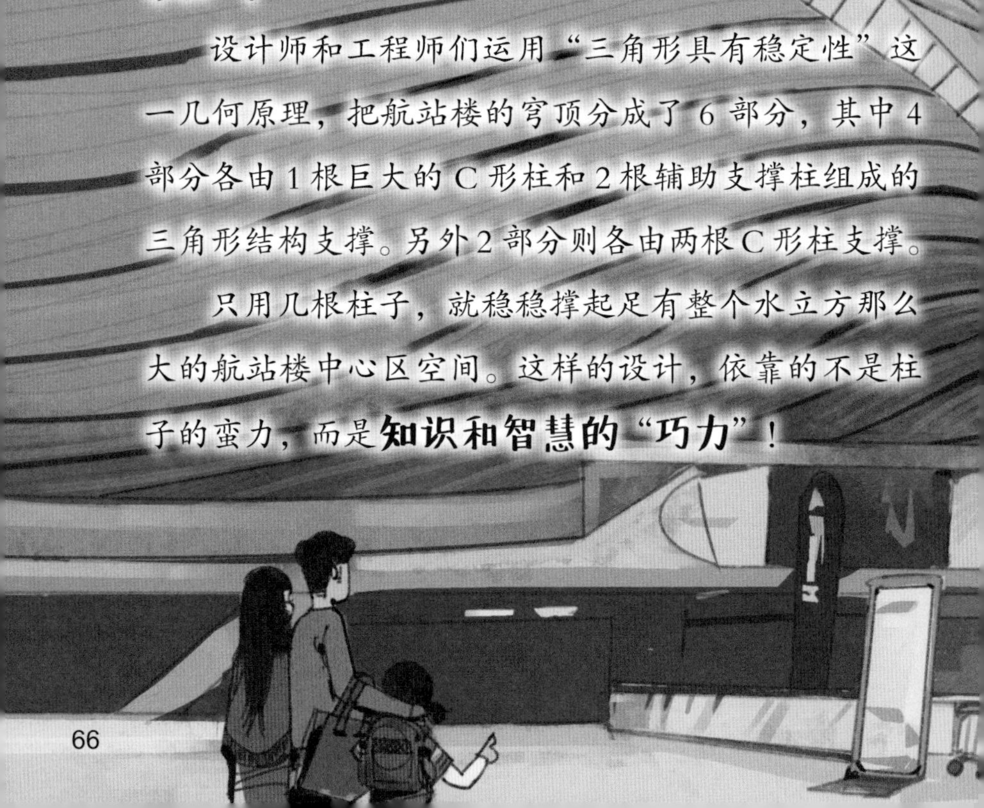

C 形柱
辅助支撑柱

中国工程小档案

青藏高速公路

长度：约 1100 千米

高度：平均海拔约 4500 米

通车时间：2017 年 8 月 1 日共玉高速公路通车

主要功能：连接青海省和西藏自治区，运输进出藏物资

荣誉徽章：全球首条多年冻土高速公路

以前西藏没有公路，与外界沟通只能靠步行，运输货物则需要借助牛、马和骆驼等畜力，交通很不方便。如果要从西宁去拉萨，需要半年的时间才能到达。

海拔越高的地方温度越低。在高原上，不光人会感觉冷，土地也会被冻坏，变成“**冻土**”。冻土的稳定性非常差，温度升高时它会融化，导致路面沉陷；温度下降时它会结冰，体积膨胀，导致路面被撑变形。

青藏高原上几乎都是多年冻土，要在这里建公路，必须因地制宜。工程师专门开设了冻土实验室，发明了隔热层路基、热棒路基、片块石路基、通风管路基等多种路基，让路面吸收的热量尽量少向下传递，使路基下的冻土保持稳定。

路基稳定了，路面平稳了，青藏高原上修筑公路的最主要困难就解决了。

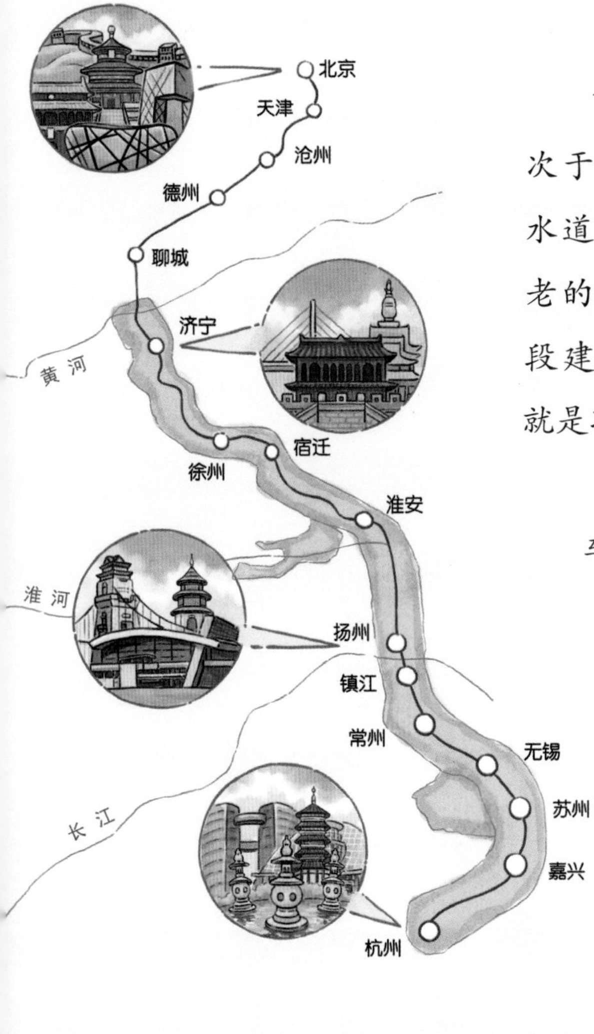

京杭大运河是我国仅次于长江的第二条“黄金水道”，也是世界上最古老的运河之一。最早的一段建于春秋时期——对，就是孔子生活的时代！

古代没有飞机和火车，只有马车、牛车，大件的货物无法通过陆路进行长途运输，只能借助于水路。然而，只靠天然的河流水道，能够到达的地方很有限。于是，古人就想到利用人工开凿水路，将五大水系从北至南连接起来，建造出了一条浩浩荡荡的京杭大运河。

中国工程小档案

京杭大运河复航工程

身份：我国仅次于长江的第二条“黄金水道”

建造时间：最早一段建于春秋战国时期，隋朝时由隋炀帝开凿贯通并大幅扩建

长度：约 1794 千米

主要功能：沟通海河、黄河、淮河、长江、钱塘江五大水系，联通南北水路，运输南北货物

荣誉徽章：世界上最长的人工运河，入选“世界文化遗产名录”

然而，1855年黄河发生大改道，之后清政府不再对大运河全面疏浚，一些河段淤塞难通。直到1973年，大运河山东段由于水资源不足等原因彻底断航。相比其他运输方式，水路运输具有运输能力强、成本低、环境友好等优势。即便现在有了更方便的飞机和火车等运输方式，京杭大运河仍然有它独特的价值。因此，国家启动了“**京杭大运河复航工程**”。

如果沿着大运河去旅行，你不仅可以遇见南来北往、忙于运货的“跑船人”，还能看到一系列复航工程正在紧锣密鼓地进行：有人在修筑堤坝，有人在治理边坡，有人在搭建桥梁，有人在扩建船闸……大家都在为大运河的复航而努力！

2022年，京杭运河不仅实现了百年来首次全线通水，还实现了京冀段通航！

治理边坡
扩建船闸

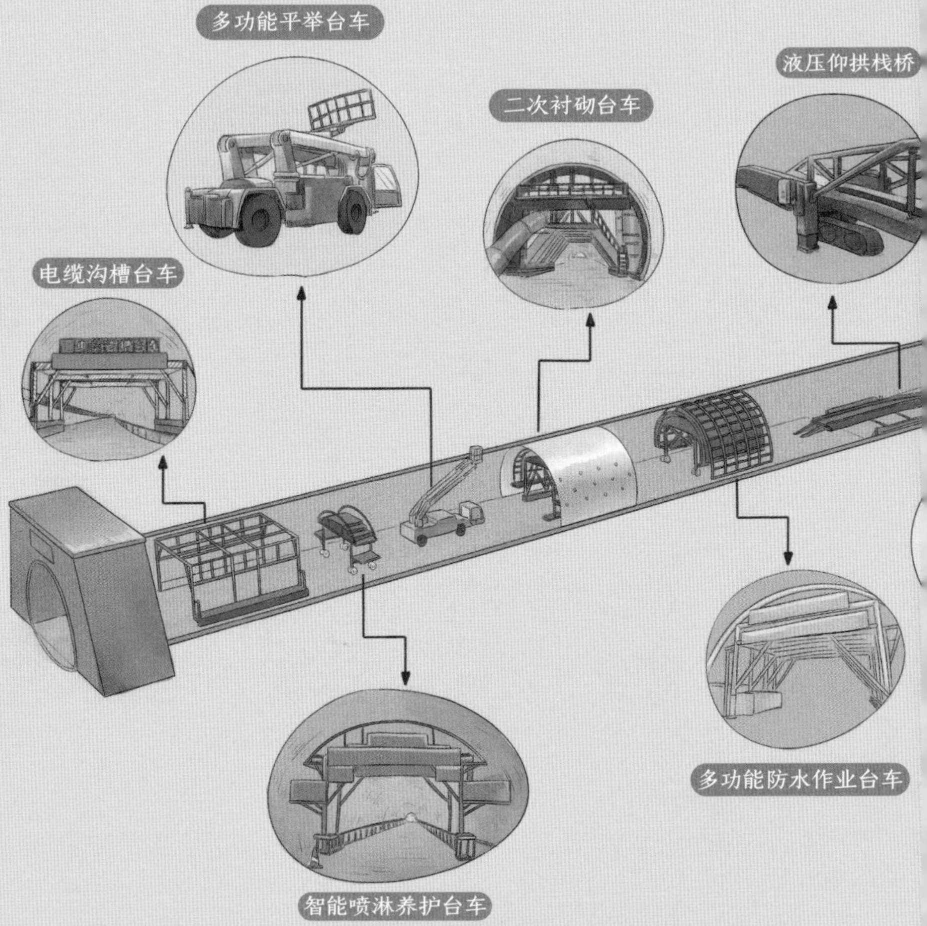

中国工程小档案

天山胜利隧道

长度：约 22 千米

主要功能：穿越天山，打通南北疆交通运输屏障，缩短通车时间

建造主力：超级隧道机器人家族

工程特色：世界首创 TBM （全断面隧道掘进机）中导洞 + 主洞钻爆法组合工艺

荣誉徽章：目前在建的世界最长高速公路隧道

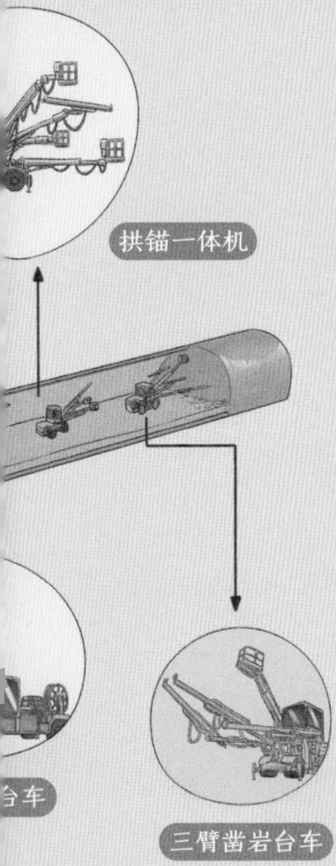

说到胜利隧道，就不能不提起建设这条隧道的主力军——“**超级隧道机器人家族**”。这个大家族中的成员有：全断面硬岩掘进机兄弟“小胜”和“小利”、多功能胶轮运输车“小白龙”、伞形钻机“小伞”、三臂凿岩台车“小哪吒”、连续皮带机“小皮”、湿喷台车“小润”和风机“小风”等。

之所以要请出机器人家族来帮忙，是因为天山胜利隧道所处地区气候恶劣，地形复杂，不仅施工难度大，还存在很大的安全风险。这些机器人帮手各个都有强大的本领，不仅能够适应恶劣的施工环境，保障施工人员的安全，还可以提高施工质量和效率。

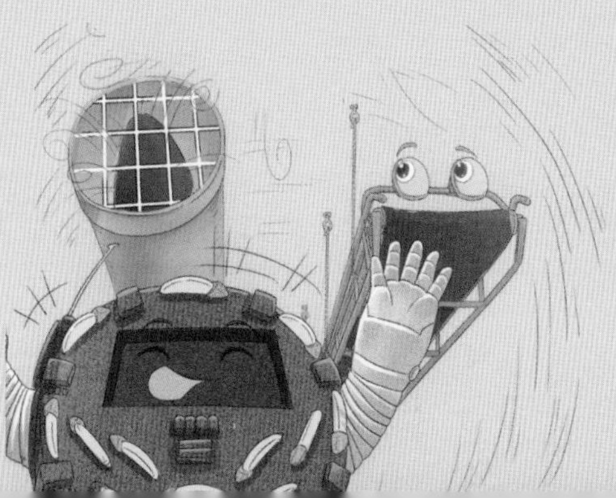

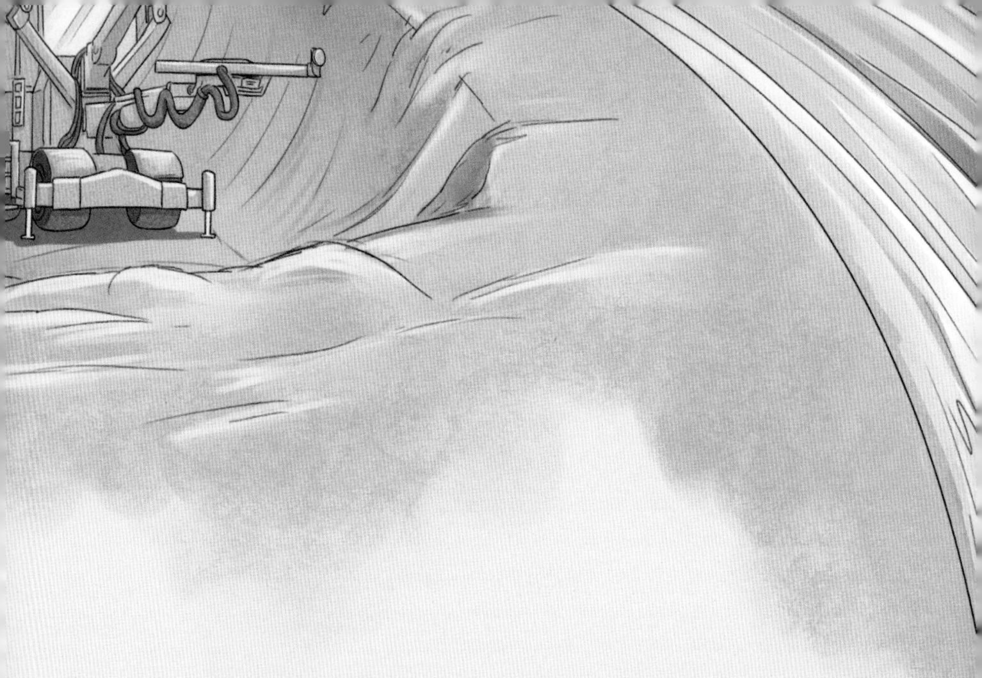

为了早日建好隧道，机器人家族的成员们必须在工程师们的指挥下紧密配合。

三臂凿岩台车负责给岩石打孔，配合钻爆工作并进行地质预报；全断面硬岩掘进机“胜利兄弟”负责挖掘隧道，用刀盘将坚硬的岩石剪切、挤压成碎石渣；多功能胶轮运输车和连续皮带机是“胜利兄弟”前进的好帮手，一个负责运送物料，一个帮忙运出石渣；湿喷台车给隧道喷上混凝土；风机为隧道输送新鲜空气；伞形钻机和朋友们一起挖掘竖井……

在所有工程师和机器人的共同努力下，这项了不起的大工程才能成功！

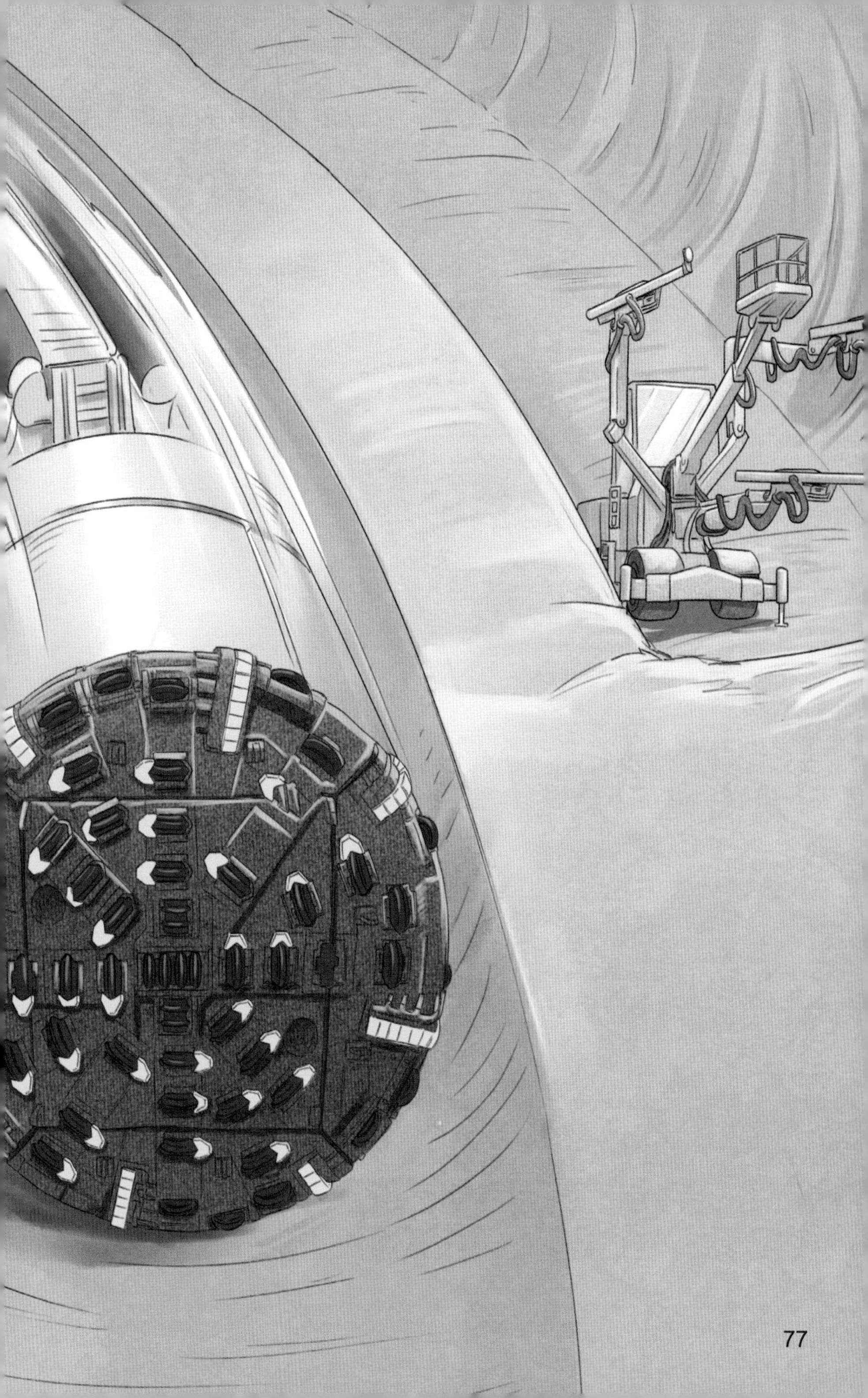

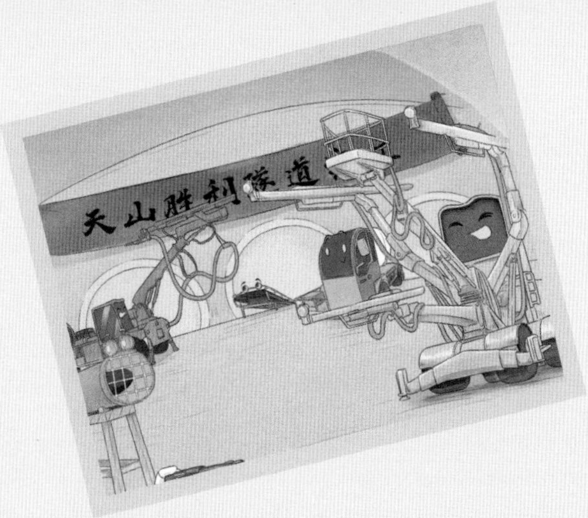

“完成这些工程可真不容易！”听完静静老师的介绍，同学们纷纷感慨。

“是呀！任何事情想要做好，都会遇到各种各样的困难，更何况是这些了不起的大工程，”静静老师笑着说，“不过你们看，所有困难最终都被工程师们克服了，对不对？这说明，办法总比困难多！当我们遇到困难的时候，也要向这些工程师学习，积极地开动脑筋想办法，一步一步地去解决哟！”

丁零零——下课铃响了。

“今天的分享就到这里啦！”静静老师收起了工程卡片，看着台下意犹未尽的同学们，认真地说：“如果大家对中国工程感兴趣，可以去图书馆、计算机教室继续收集资料。在我们祖国的土地上，还有好多了不起的大工程等着你们去了解，甚至等着你们长大之后去建设呢！”

图书在版编目（CIP）数据

创造奇迹的中国工程 / 中国力量编辑部编. -- 北京 : 北京科学技术出版社, 2024. -- ISBN 978-7-5714-4158-6

Ⅰ. TB-49

中国国家版本馆 CIP 数据核字第 2024E9Y779 号

策划编辑：刘婧文　李尧涵
责任编辑：刘婧文
封面设计：沈学成
图文制作：天露霖文化
责任印刷：李　茗
出 版 人：曾庆宇
出版发行：北京科学技术出版社
社　　址：北京西直门南大街 16 号
邮政编码：100035
电　　话：0086-10-66135495（总编室）
　　　　　0086-10-66113227（发行部）
网　　址：www.bkydw.cn
印　　刷：雅迪云印（天津）科技有限公司
开　　本：889 mm × 1194 mm　1/32
字　　数：32 千字
印　　张：2.5
版　　次：2024 年 11 月第 1 版
印　　次：2024 年 11 月第 1 次印刷
ISBN 978-7-5714-4158-6

定　　价：32.00 元